蒙特梭利
漢字部首
拼圖卡

學習手冊

透過蒙特梭利的幼教理念以及趣味活動，讓孩子：

1. 認識常見部首的字形和字義，打好認字的基礎
2. 認識部首文字的起源和演變，加深對漢字的理解
3. 辨別同部首的生字，了解生字與部首之間的關係

新雅文化事業有限公司

目錄

作者簡介

葉惠儀女士為資深蒙特梭利幼教老師及培訓專家，擁有蒙特梭利專業教師執照（美國 AMS），並取得香港教育碩士、澳洲幼兒教育學士等資歷，曾於加拿大開辦幼兒學校，具有多年擔任幼兒園園長和幼稚園校長的經驗，並設立了香港第一條親子電話輔導服務熱線。於 1988–1990 年，葉女士擔任香港教育局課程發展議會委員（幼稚園組）。葉女士為教育不遺餘力，致力培訓專業教育人材。現擔任香港及國內多間幼稚園的蒙特梭利教育顧問及培訓導師（包括香港國際蒙特梭利學校）、香港公開大學導師和視導導師，以及香港教育大學兒童及家庭教育碩士課程的客席講師。

蔡馮麗湄女士為資深幼兒教育工作者，多年來根據蒙特梭利理念為學校編寫適合香港幼兒的中文課程。蔡女士現任香港金巴倫英文幼稚園校長，為美國 AMS 蒙特梭利協會學校成員。她曾在國內幼兒園（中山及江門）擔任園長多年，擁有豐富的幼兒教學經驗，在任期間更協助幼兒園成為省一級幼兒園。蔡女士對推動社會及慈善服務不遺餘力，現擔任香港女童軍總會聯誼主席及香港幼兒園教育專業交流協會榮譽顧問。

蒙特梭利教學法與漢字學習

「我聽見的，我會忘記；我看見的，我會記得；我做過的，我會了解。」——瑪麗亞．蒙特梭利

《蒙特梭利漢字部首拼圖卡》是一套讓幼兒學習漢字部首演變的教具，結合了蒙特梭利的幼教理念、漢字部首的特點以及幼兒的語言發展能力而設計，蘊含了蒙特梭利教學法的其中 5 個重要理念：

1 從遊戲中學習，讓幼兒學習得更快樂

幼兒可以運用拼圖卡和生字卡進行不同類型的活動，從遊戲中學會造字的方式、字形的演變，以及了解各個部首的分類和意義。幼兒透過動手操作，可以加強學習記憶，更重要的是讓他們充分理解字的源起和含意，日後在學習新的生字時，可根據字的部首偏旁，嘗試聯想生字跟什麼東西有關，領悟生字的意思。除了增進知識，幼兒也能從中獲得滿足感和成功感，成為他們以後面對較高層次的學習或挑戰的原動力。

2 在有準備的環境中學習，讓幼兒學習得更有效

感官認知方面：幼兒從出生至約四歲是透過視、聽、嗅、味、觸覺來認識事物的敏感期。本產品透過形象化的文字和拼圖式的教具設計，以視覺和觸覺等感知遊戲方式，提升幼兒的認讀能力。

基本能力訓練：透過動手操作拼圖以及進行多元化的遊戲活動，如部首和文字配對、部首分類、生字配對等，培養幼兒的專注力、觀察力、手眼協調和獨立思考的能力，這些能力都是有效學習的先決條件。

情緒方面：幼兒要有穩定的情緒才能有效學習，而本產品所設計的遊戲（如拼圖、配對、尋找等），均需要幼兒高度的集中力，希望他們專注而投入地完成活動。過程中，家長要讓幼兒自行操作，避免干預。

從具體到抽象的循序漸進式學習，切合幼兒的學習需要

「象形」字是以圖像來表達實物的形態，十分具體，這正正符合幼兒的認知學習方式。本產品配合文字的演變過程，給每個部首設計了4幅拼圖卡，由插圖（具體而形象化）開始，到甲骨文、小篆，最後演變成楷書（抽象的文字），讓幼兒從中明白漢字的文字結構和含意，對日後學習漢字和理解字義也有幫助。在幼兒開始認讀文字之前，一般可以先進行以下準備活動，協助他們由具體過渡至抽象的概念。以「木」字為例：

1 **實物與模型配對**：一棵樹（木）與一棵樹的模型。
2 **模型與相片配對**：一棵樹的模型與一棵樹的相片。
3 **相片與圖片配對**：一棵樹的相片與一棵樹的插圖。
4 **圖片與字配對**：一棵樹的插圖與「木」字的甲骨文、小篆、楷書。
5 **字與字配對**：「木」的楷書文字，以及「木」字偏旁的生字。

發現文字的局部變化會產生不同字義，刺激幼兒對學習漢字的興趣

文字並不只是符號，它們是代表着日常生活中的一些東西以及是有意義的，同時局部的變化會令整體字義產生改變，當幼兒察覺到這些有趣的事情時，就會自然地想認識這些符號是代表着什麼。幼兒認字是從整體開始，而且宜選用幼兒在生活中常接觸到的字，例如「眼」這個字，當由「目」部變成「木」部的「根」字，字義便會改變。而「眼」、「看」這兩個生字，同樣是屬於「目」部，但字的部件不同，便成了兩個不同意思的字。透過讓幼兒知道改變部首或部件會影響着文字的意思，讓他們感受到箇中趣味，提升他們對漢字的興趣。

5 設有錯誤訂正功能，讓幼兒從自學中獲得成功感

本產品的拼圖卡、生字卡和字源卡均設有錯誤訂正功能，能幫助幼兒自己進行核對並改正，提升自學能力。家長介紹或示範遊戲的玩法後，應給予幼兒充足的時間，讓他們自己獨立操弄教具，盡量減少干預。

《蒙特梭利漢字部首拼圖卡》簡介及特色

1. 全套《蒙特梭利漢字部首拼圖卡》包括：

❶

40 組拼圖卡

包含40個常見部首，每個部首4張拼圖卡。透過動手操作，可讓幼兒以視覺、觸覺等感知方式去學習，吸收和理解部首的演變過程，加強認字能力。

❷

40 張字源卡

每個部首附1張字源卡，解說每個部首的字形和字源，讓家長可向幼兒講解，並列舉出偏旁字例給家長參考。

❸

1 本學習手冊

詳列使用字卡的方法。所建議的活動是按照蒙特梭利教學法的理念設計，循序漸進且有系統。

❹

80 張生字卡

每個部首附2張生字卡，鏤空字的設計，讓幼兒可運用不同的方式辨認部首偏旁和字形；字卡經過膠處理，可配合水性白板筆重複書寫，讓幼兒一玩再玩，反覆學習。

2.「拼圖卡」的設計：

每個部首有 4 張拼圖卡，從插圖開始，再演變成甲骨文、小篆至現今的楷書。

先圖後字

透過由具體至抽象的原則，逐步引領幼兒觀察文字演變的過程。

所選字體是字體演變歷程中最具代表性的

甲骨文：中國最遠古的文字，亦是象形文字之始。

小篆：古文字經過規範整理後成為小篆，是秦代統一文字的標準字體。雖然象形程度降低，但字體結構開始定形和簡化。

楷書：被喻為結構完美的字體，於現今普遍採用。字體優美生動。

運用插圖顯示部首的類別

部首的分類以插圖顯示，善用幼兒的潛意識學習階段，不知不覺地學會分類，有助理解字義和加強記憶。

01-2

設有錯誤訂正功能

每張卡的右下角印有編號，幼兒順序排列後，可參照編號作自我訂正，鼓勵他們自學。

選字認真嚴謹

所選的部首字，既是部首又是獨立字，亦為幼兒最常用的生字，筆畫屬少，可讓幼兒容易理解。

3. 部首選材：

古人把表示意義的部分稱為「部首」，也是漢字的主要組成部分。部首是字典辭書根據字形結構所分的門類。例如「火」、「力」、「女」均屬部首，而「燈」、「熱」等歸於「火」部；「功」、「助」等歸於「力」部；「媽」、「姐」等歸於「女」部。中國第一本按部首編排的字典是東漢時代由許慎編寫的《説文解字》，當時歸納出 540 個部首，至清朝的《康熙字典》減少部首至 214 個。

《蒙特梭利漢字部首拼圖卡》從中挑選了 40 個常用部首，均為獨立字，筆畫少，較易讓幼兒學習和記憶：

類別	部首
天文自然	土（扌）、木（木）、水（氵）、火（火或灬）、日、月、穴（穴）、石、雨
人體器官	口、心（忄）、手（扌）、目、肉（月）、足（⻊）
古今器物	刀（刂）、巾、玉（王）、衣（衤）、貝、門
言語動作	力、示（礻）、立（立）、言、食（飠）
動物	牛（牜）、犬（犭）、馬、魚
人物	人（亻）、女（女）、子（子）
植物	禾（禾）、米（米）、竹（⺮）
交通	舟、車
形色	大、小

使用方法

有研究顯示，幼兒閱讀一篇含100個字的短文，若當中遇有5個或以上是陌生字，就會對該篇文章不感興趣。在蒙特梭利的理念中，「閱讀」所指的是幼兒能自己閱讀的能力。多認字，目的都是提升幼兒閱讀興趣和動機，而從小認識部首，有助幼兒認字、寫字、翻查字典及理解每個漢字的意思。例如「水」部的字多與流水有關，「木」部的字多與樹木有關。

我們希望透過有意義和有趣的活動，讓幼兒運用直觀的插圖辨認部首，並加深幼兒對漢字的理解和記憶，令學習漢字變得更有效。本手冊所建議的活動，可供幼兒個人玩（鼓勵自學），也可以親子同玩（增加趣味性和創意）。進行活動時，家長先示範一次，或跟幼兒一起做一次，然後請幼兒自己做。

本手冊的活動包括：

第一類：認識部首及文字的演變

玩法	學習目的
一　拼出部首的演變	• 認識部首由圖像演變成文字的過程
二　猜猜拼拼看演變	• 透過觀察圖像辨認部首 • 認識部首的字源及漢字的特點
三　翻出演變過程	• 加深對部首及其演變過程的認識

第二類：部首分類及辨別生字的部首

玩法	學習目的
四　部首分類	• 認識部首的類別
五　部首與生字配對	• 辨別生字的部首 • 認識部首與生字之間的聯繫
六　塗出部首	• 重溫部首的演變以及辨別生字的部首

認識部首及文字的演變

玩法一 拼出部首的演變

學習目標：

- 認識部首由圖像演變成文字的過程

材料：

- 40 組拼圖卡

步驟：

1. 成人先取出一組 4 張的拼圖卡，把拼圖卡不按順序橫排在桌上。

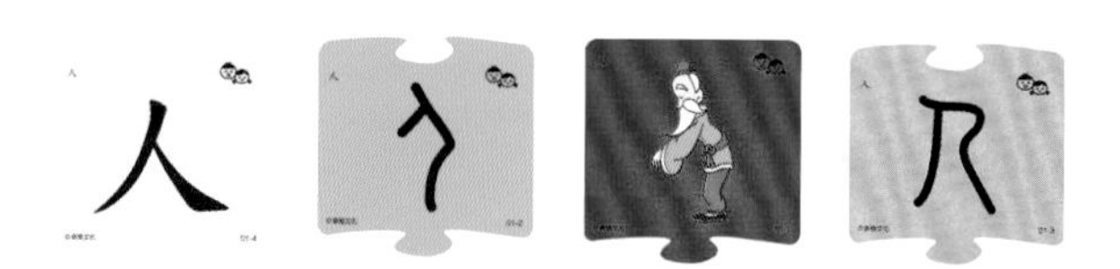

2. 跟幼兒説説：「從前人們參考事物的形象，設計了一些圖畫化的文字，後來為了方便書寫，逐漸簡化這些文字，再一步一步演變成今日的文字。現在我們一起試試把這些拼圖卡順序拼一拼吧！」

①

先選出插圖卡，放到第一位。

②

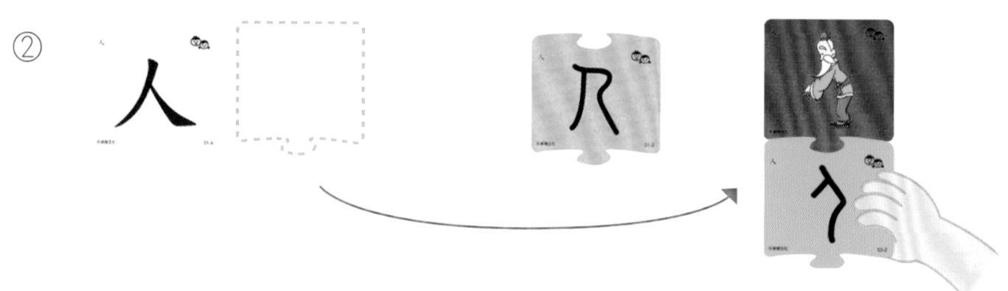

再選出甲骨文卡，放到插圖卡下面，即是直排第二位。

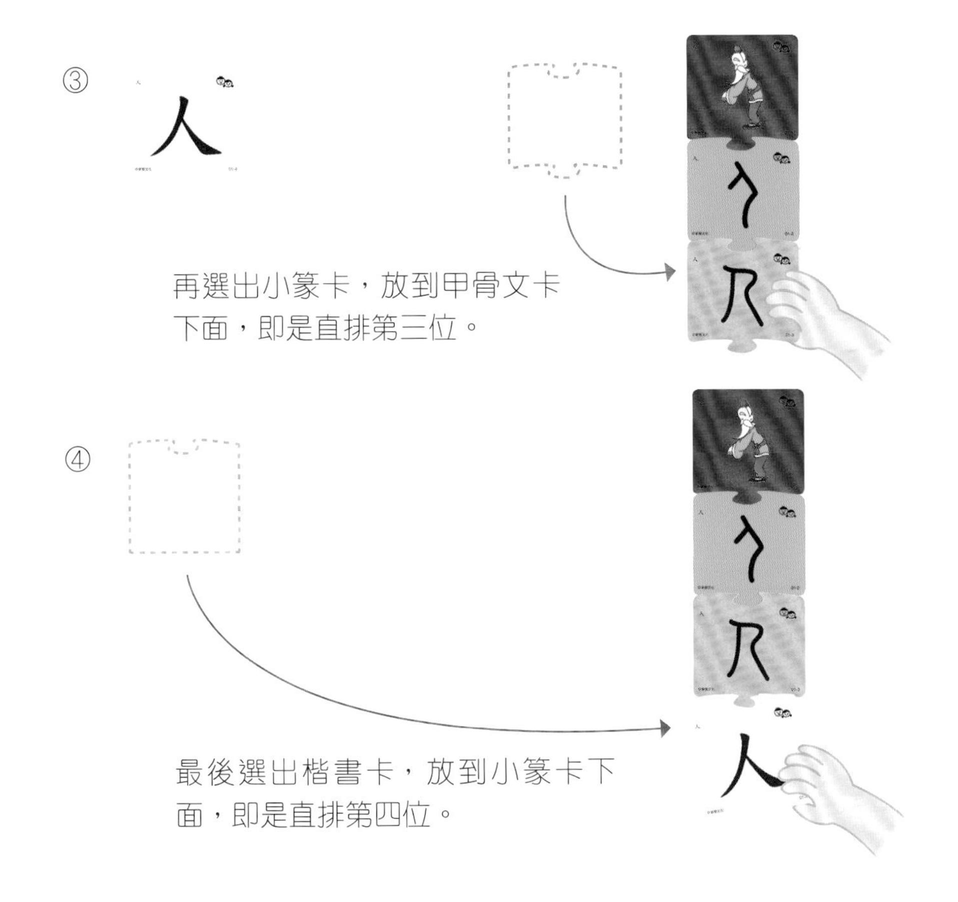

3. 成人引導幼兒讀出該部首字，同時可設計一些動作，幫助幼兒辨別字形和理解字義，例如模仿「人」字的字形，身體微微向前彎，並提起兩臂。

4. 成人把 4 張拼圖卡放回原處，然後請幼兒自己做一次。

錯誤訂正 每張拼圖卡的右下角印有編號，幼兒順序排列後可參照編號作自我訂正（如每組拼圖卡編號的最後一個數字順序為 1–4，即為正確）。此外，每張卡的顏色是根據蒙特梭利數學彩色串珠的顏色（串珠 1 是紅色，串珠 2 是綠色，串珠 3 是粉紅色，串珠 4 是黃色。）幼兒如對蒙特梭利數學有認識，就能潛意識排出部首演變的順序。

有趣點 讓幼兒透過玩拼圖遊戲認識部首演變的過程，加強趣味。

延伸變化 成人可以逐次增加拼圖卡的數量。

玩法二 猜猜拼拼看演變

學習目標：

- 透過觀察圖像辨認部首
- 認識部首的字源及漢字的特點

材料：

- 40 組拼圖卡和 40 張字源卡

步驟：

1. 成人選取 2–3 組拼圖卡，把插圖卡橫排放在桌上，把甲骨文卡、小篆卡和楷書卡分三組疊好，放在一旁。
2. 請幼兒先取一張甲骨文卡，仔細比對甲骨文和插圖，如果認為甲骨文卡是跟插圖相配，便把甲骨文卡跟插圖卡拼在一起，問問幼兒：「這個甲骨文跟插圖有什麼相似的地方？」
3. 幼兒再取一張小篆卡，跟桌上的插圖卡和甲骨文卡比對，如認為相配，便把小篆卡拼在正確的甲骨文卡下方。以同樣的方式找出相配的楷書卡，放到小篆卡下，拼出完整的一組部首演變過程。如此類推，直至拼好每組拼圖卡。
4. 成人運用相關的字源卡向幼兒講述每個部首字的起源，說時可配合拼圖卡上的插圖、甲骨文、小篆和楷書的字形來描述。
5. 成人把拼圖卡放回原處，請幼兒自己做一次，然後換上其他部首的拼圖卡，讓幼兒自行繼續遊戲。

錯誤訂正 請幼兒核對拼圖卡右下角的編號是否順序，作自我訂正。

有趣點 結合猜猜看和玩拼圖的遊戲方式來認識文字演變，富挑戰性，更可提升趣味。

延伸變化 成人可只提供插圖卡和楷書卡，請幼兒找出中間缺少的拼圖卡（即甲骨文和小篆卡），然後拼出完整的演變過程。

玩法三 翻出演變過程

學習目標：

- 加深對部首及其演變過程的認識

材料：

- 40 組拼圖卡和 40 張字源卡

步驟：

1. 成人選取 2-3 組拼圖卡。
2. 給幼兒一張插圖卡，然後成人把其餘拼圖卡背面朝上，分散排放在桌上。
3. 請幼兒翻開桌上其中一張拼圖卡，如屬於手上插圖的演變文字，便可取走該圖卡。例如：幼兒手上拿着的是一把刀的插圖卡，而翻開的是「刀」字的甲骨文 / 小篆 / 楷書卡，便可取走。否則便把拼圖卡放回原處，再翻開另一張。
4. 當幼兒全取 4 張一組的拼圖卡，並能拼出完整的文字演變過程，成人便可以對幼兒說：「做得很好，現在我們一起聽聽字源小故事吧！」然後運用相關部首的字源卡給幼兒講述該字的起源，說時可配合插圖、甲骨文、小篆和楷書的字形來描述。
5. 請幼兒自己拼出餘下的拼圖卡，完成後成人再講述該字的字源小故事。

錯誤訂正 請幼兒核對拼圖卡右下角的編號是否順序，作自我訂正。

有趣點 每一次幼兒拼出完整的文字演變過程後聆聽字源小故事，可提升幼兒的學習興趣和動機。

延伸變化 家長可視乎幼兒的興趣和能力，把拼圖卡的數量增至4-5組，提高遊戲的挑戰性。

部首分類及辨別生字的部首

玩法四 部首分類

學習目標：

- 認識部首的類別

材料：

- 40 組拼圖卡

步驟：

「插圖分類」的玩法：

1. 選 2 種不同的類別的拼圖卡，例如：動物類和植物類，然後取出每個類別中的插圖卡，混合並疊起放在桌上。

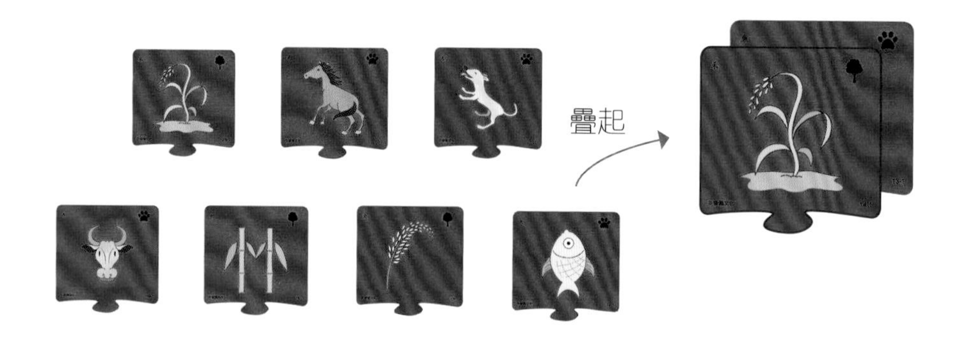

2. 逐一向幼兒展示插圖卡，並跟幼兒說說插圖卡上的插圖是什麼，以及講解右上角的類別圖案所代表的意思。例如：「竹」部，先跟幼兒說：「這是竹子，是一種植物」。再指着右上角的類別圖案說：「這是一棵樹，也是植物的一種，所以用來代表植物類。」如此類推。

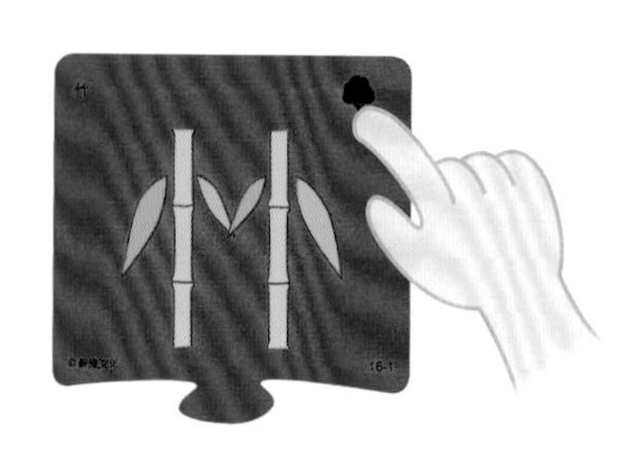

3. 把插圖卡排放在桌上。請幼兒觀察插圖卡，並按照插圖所屬的類別，把同一類別的插圖卡放在同一行，不同類別的放在另一行。

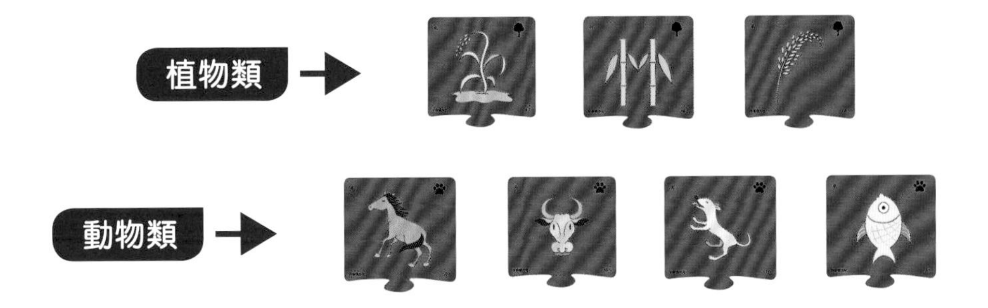

4. 完成後，成人把插圖卡放回原處，請幼兒自己再做一次。

「文字分類」的玩法：

1. 完成插圖分類後，成人再從動物類和植物類中取出楷書卡，混合並疊起放在桌上。

2. 逐一展示楷書卡，讀出卡上的文字以及指着右上角的類別圖案講解所屬的類別。

3. 把楷書卡排放在桌上，請幼兒觀察放在桌上的楷書卡，然後把同一類別的楷書卡放在同一行，不同類別的放在另一行。

4. 完成後，成人把楷書卡放回原處，請幼兒自己再做一次。

5. 當幼兒完成插圖和文字分類後，可讓他們把完整的一組拼圖卡拼在一起，同時分類放好。

錯誤訂正 請幼兒觀察分組後的每張插圖卡和楷書卡右上角的類別圖案是否相同，相同即代表分組正確，而該組是同一類別。如發現有不相同的卡，請幼兒自行作錯誤訂正。

有趣點 成人可和幼兒討論一些跟部首字相關的有趣話題。例如植物類的米、竹、禾，哪些可以吃的呢？又例如請幼兒在家中找出跟木、水、火或土相關的東西。

延伸變化 成人可混入一兩張其他類別的插圖卡或楷書卡，請幼兒把卡分類後，找出不同類別的字卡。

玩法五 部首與生字配對

學習目標：

- 辨別生字的部首
- 認識部首與生字之間的聯繫

材料：

- 2–3 個部首的楷書卡
- 相關部首的生字卡（每個部首 2 張）及字源卡

步驟：

1. 選出 2–3 個部首的楷書卡和相配的生字卡（建議每次最多 5 個部首，可屬同一類別，成人也可因應幼兒當時的興趣選字）。

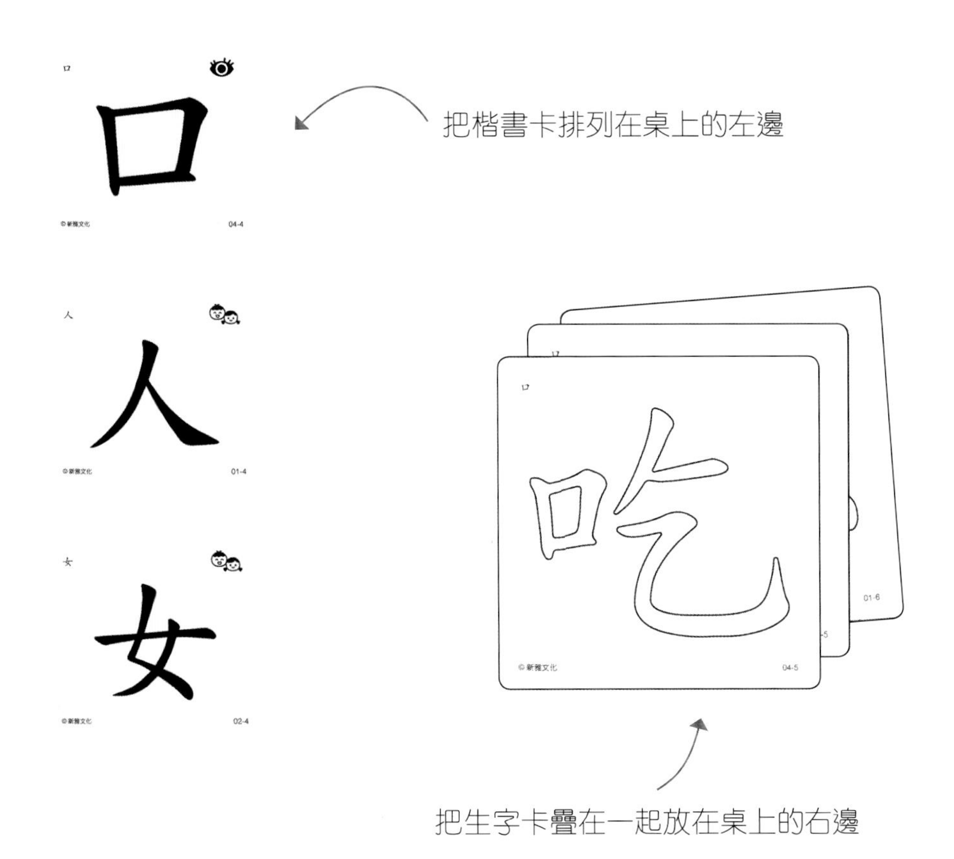

2. 請幼兒先取一張生字卡，然後拿着此卡靠近部首楷書卡，逐一比對部首，直至找到相配部首的楷書卡，把生字卡放在部首楷書卡旁。

3. 請幼兒重複步驟 2，並把第二組的生字卡放在相配的楷書卡旁，如此類推。

4. 完成 2–3 組生字卡的排列後，成人重新檢視一次每組生字，也可取出字源卡參考卡上的字例，協助作出錯誤訂正。

5. 成人引導幼兒讀出生字，並分辨相同部首的生字。

錯誤訂正 成人可參照字源卡以作檢視及提示幼兒。幼兒也可檢查生字卡左上角的部首作自我訂正（如左上角的部首名稱相同，即為正確）。

有趣點 在分辨同部首的生字時，成人可以引用一些有趣的事物或日常生活的情境；也可與幼兒一起想出有創意和誇張些的線索，方便幼兒記憶。例如認讀「地」字時，請幼兒用雙腳踏踏地面；認讀「坐」字時，可請幼兒跟爸爸（或媽媽）二人一左一右地坐在地上，並想像地上是泥土，就如同「坐」字的字形一樣。

延伸變化 成人可混入一兩張其他部首的生字卡，考考幼兒是否能找出只跟桌上的部首楷書卡相配的生字。

小提示：幼兒在尋找相配的生字卡時，成人可給予適度的提示，例如：「雪」、「電」兩個字屬「雨」部，成人可介紹下雨的景象、寒冷的地方會下雪或下雨前有時會看見閃電等跟雨相關的現象，若加上幼兒的細心觀察和推理，很容易便能猜測到該字是屬於哪個部首。

玩法六 塗出部首

學習目標：

- 重溫部首的演變以及辨別生字的部首

材料：

- 40 組拼圖卡、相關的生字卡（每個部首 2 張）及 40 張字源卡
- 1 支水性白板筆
- 1 條抹布

步驟：

1. 成人每次可選取 2–3 組拼圖卡，並把相關的生字卡放在桌上。
2. 請幼兒先取其中一組拼圖卡，例如人部，嘗試自己把 4 張拼圖卡順序拼一次，然後放在一旁。
3. 成人再取出相關部首的 2 張生字卡，例如「你」、「傘」。請幼兒觀察字形，並找出該字的部首部分，然後用白板筆把部首塗色。

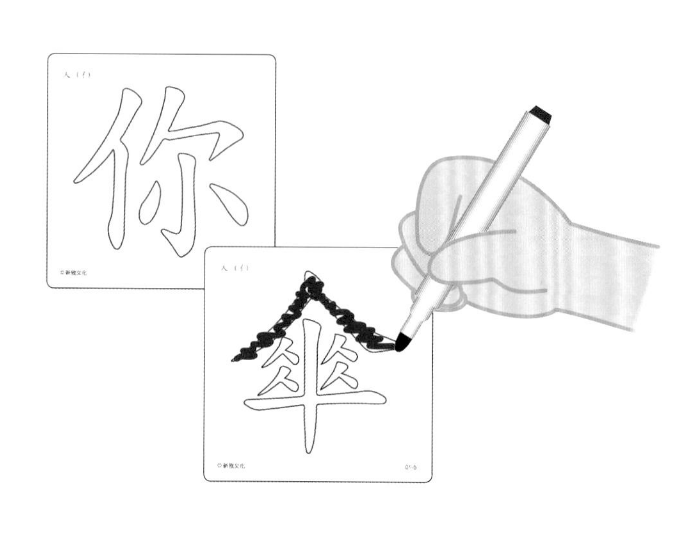

錯誤訂正

- 請幼兒看看生字卡左上角的部首字，是否跟自己塗上顏色的部分相同。
- 成人也可參照字源卡上的字例作檢視及提示幼兒。

有趣點

- 讓幼兒以塗鴉方式找出部首字，可增添趣味，並能突顯部首，加深幼兒的印象。
- 活動可重複進行，讓幼兒自由繼續玩遊戲，不受限制。

延伸變化

- 成人可用其他材料代替白板筆，例如給幼兒兩種不同顏色的泥膠，請幼兒用其中一種顏色泥膠搓出部首的筆畫，並放到生字卡部首筆畫的位置上，再用另一種顏色的泥膠搓出其餘的筆畫並放到生字卡上。

相關教材建議：

本套產品的「生字卡」還可結合《蒙特梭利漢字筆畫砂紙板》一起進行認字和練習書寫的活動。當幼兒透過《蒙特梭利漢字筆畫砂紙板》學習了8個基本筆畫和筆順後，幼兒便可利用本教材的鏤空生字卡，以手指描畫或白板筆塗寫等方式進行基本的寫字練習，並加強對基本筆畫的認識，為將來書寫打下良好基礎。

附錄：字卡一覽表

全套教材包含 40 組拼圖卡、80 張生字卡及 40 張字源卡。

部首	拼圖卡及編號				生字卡及編號		字源卡及編號
	插圖	甲骨文	小篆	楷書			
人（亻）	01-1	01-2	01-3	01-4	傘 01-5	你 01-6	人 01-7
女（女）	02-1	02-2	02-3	02-4	姐 02-5	媽 02-6	女 02-7
子（子）	03-1	03-2	03-3	03-4	字 03-5	孩 03-6	子 03-7
口	04-1	04-2	04-3	04-4	吃 04-5	唱 04-6	口 04-7
心（忄）	05-1	05-2	05-3	05-4	想 05-5	怕 05-6	心 05-7
手（扌）	06-1	06-2	06-3	06-4	拿 06-5	拉 06-6	手 06-7
目	07-1	07-2	07-3	07-4	看 07-5	眼 07-6	目 07-7
肉（月）	08-1	08-2	08-3	08-4	腐 08-5	肚 08-6	肉 08-7
足（⻊）	09-1	09-2	09-3	09-4	跑 09-5	跳 09-6	足 09-7
牛（牜）	10-1	10-2	10-3	10-4	牽 10-5	物 10-6	牛 10-7
犬（犭）	11-1	11-2	11-3	11-4	獸 11-5	狗 11-6	犬 11-7
馬	12-1	12-2	12-3	12-4	駱 12-5	騎 12-6	馬 12-7
魚	13-1	13-2	13-3	13-4	鮮 13-5	鯊 13-6	魚 13-7
禾（禾）	14-1	14-2	14-3	14-4	秧 14-5	稻 14-6	禾 14-7
米（米）	15-1	15-2	15-3	15-4	粉 15-5	糕 15-6	米 15-7
竹（⺮）	16-1	16-2	16-3	16-4	筆 16-5	節 16-6	竹 16-7
舟	17-1	17-2	17-3	17-4	航 17-5	船 17-6	舟 17-7
車	18-1	18-2	18-3	18-4	輕 18-5	輪 18-6	車 18-7

土（土）	19-1	19-2	19-3	19-4	坐 19-5	地 19-6	土 19-7
日	20-1	20-2	20-3	20-4	星 20-5	晴 20-6	日 20-7
月	21-1	21-2	21-3	21-4	服 21-5	期 21-6	月 21-7
木（木）	22-1	22-2	22-3	22-4	枝 22-5	根 22-6	木 22-7
水（氵）	23-1	23-2	23-3	23-4	泉 23-5	河 23-6	水 23-7
火（火或灬）	24-1	24-2	24-3	24-4	燈 24-5	熱 24-6	火 24-7
穴（穴）	25-1	25-2	25-3	25-4	空 25-5	穿 25-6	穴 25-7
石	26-1	26-2	26-3	26-4	碗 26-5	碟 26-6	石 26-7
雨	27-1	27-2	27-3	27-4	雪 27-5	電 27-6	雨 27-7
力	28-1	28-2	28-3	28-4	功 28-5	助 28-6	力 28-7
示（礻）	29-1	29-2	29-3	29-4	禁 29-5	禮 29-6	示 29-7
立	30-1	30-2	30-3	30-4	童 30-5	站 30-6	立 30-7
言	31-1	31-2	31-3	31-4	說 31-5	謝 31-6	言 31-7
食（飠）	32-1	32-2	32-3	32-4	飯 32-5	飲 32-6	食 32-7
大	33-1	33-2	33-3	33-4	天 33-5	奇 33-6	大 33-7
小	34-1	34-2	34-3	34-4	少 34-5	尖 34-6	小 34-7
刀（刂）	35-1	35-2	35-3	35-4	切 35-5	刺 35-6	刀 35-7
巾	36-1	36-2	36-3	36-4	布 36-5	帽 36-6	巾 36-7
玉（王）	37-1	37-2	37-3	37-4	玩 37-5	球 37-6	玉 37-7
衣（衤）	38-1	38-2	38-3	38-4	袋 38-5	裙 38-6	衣 38-7
貝	39-1	39-2	39-3	39-4	貨 39-5	買 39-6	貝 39-7
門	40-1	40-2	40-3	40-4	開 40-5	間 40-6	門 40-7

蒙特梭利
漢字部首拼圖卡

160 張拼圖卡

先圖後字，符合幼兒的認知過程，透過有趣的遊戲，讓幼兒了解 40 個常用部首的字形、字義及演變，**打好幼兒認字的基礎。**

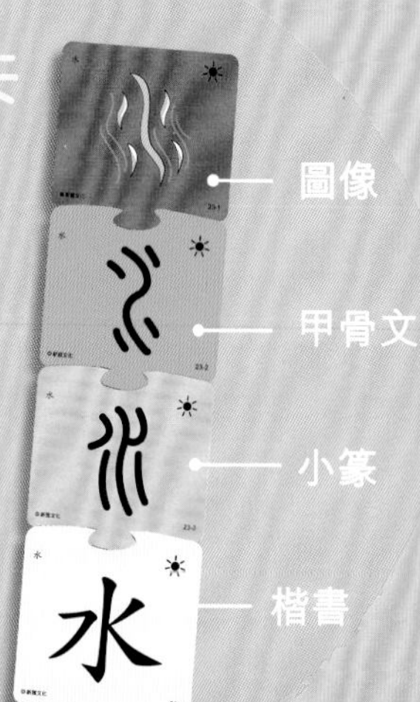

40 張字源卡

解說部首的字形起源，家長可跟幼兒講述部首的演變和故事，讓**幼兒對文字有更深入的認識。**

80 張生字卡

以鏤空式字形和重複書寫的設計，讓幼兒運用不同方法辨認部首，反覆學習，同時認識同部首的生字。使用的字形參考《香港小學學習字詞表》中的常用字形表，**讓幼兒從小學會標準的字形。**

1 本學習手冊

清晰具系統地說明玩法和步驟，**讓家長帶領幼兒從遊戲中學習。**

蒙特梭利教育系列
蒙特梭利漢字部首拼圖卡學習手冊
編　　寫：葉惠儀、蔡馮麗湄
責任編輯：趙慧雅
美術設計：陳雅琳
出　　版：新雅文化事業有限公司

ISBN: 978-962-08-7035-4

18/F, North Point Industrial Building, 499 King's Road, Hong Kong
Published in Hong Kong
Printed in China